高职高专土建类工学结合"十二五"规划教材

建 筑 速 写

主编　焦晨霞

华中科技大学出版社

中国·武汉

内 容 简 介

本书是针对美术基础薄弱的建筑类学生快速提高建筑速写能力的书籍。建筑写生一般时间有限，必须迅速掌握要领，达到应有的写生效果。本书以图片为主、文字为辅，主要以太行山、王家大院和现代建筑为写生实例，生动地讲解建筑速写的技法和要领，最后附教师与学生的优秀作品，方便同学们借鉴和临摹。本书结构清晰、浅显易懂、循序渐进，表达方法灵活多样，可以使学生快速地掌握建筑速写的表现技法，准确地表达个人的设计构思，提高设计沟通表达的能力，为今后的专业学习和工作奠定坚实的基础。

图书在版编目(CIP)数据

建筑速写/焦晨霞主编. —武汉：华中科技大学出版社，2014.6
ISBN 978-7-5680-0196-0

Ⅰ.①建…　Ⅱ.①焦…　Ⅲ.①建筑艺术-速写技法-高等职业教育-教材　Ⅳ.①TU204

中国版本图书馆 CIP 数据核字(2014)第 135835 号

建筑速写　　　　　　　　　　　　　　　　　　　　　　　　　焦晨霞　主编

责任编辑：金　紫
封面设计：李　嫚
责任校对：刘　竣
责任监印：张贵君
出版发行：华中科技大学出版社（中国·武汉）
　　　　　武昌喻家山　　邮编：430074　　电话：(027)81321915
录　　排：华中科技大学惠友文印中心
印　　刷：华中理工大学印刷厂
开　　本：787mm×1092mm　1/16
印　　张：10
字　　数：256 千字
版　　次：2014 年 8 月第 1 版第 1 次印刷
定　　价：26.00 元

前　言

建筑速写是建筑专业教学体系中的重要环节。它既是训练造型的手段，也是一种独立的绘画表现形式。通过对建筑与环境的快速描绘，我们可以更好地了解其设计精髓和形态特点。建筑与环境的构造样式、材料色彩等诸多内容，都可以在速写的绘画过程中得到充分的认识。

本书是参编教师根据多年来的研究实践及教学经验而编写的。书中大量使用了教师教学的范画和范例，并结合实习基地的景物写生作品，具有很好的实践教学意义。本书主要针对美术功底零基础或较为薄弱的学生，教学内容难度不大，学生容易理解掌握，知识内容由易到难、循序渐进，为学生快速掌握速写技能提供教学指导。

本书主要内容由建筑速写基础知识、石板岩乡风景速写、山西王家大院建筑速写、现代建筑速写、优秀作品赏析共五章组成。每章的内容联系紧密，全面系统地讲解了建筑速写的理论与技法。本书以学生实际建筑速写为例，通过对不同的建筑特征的描绘和训练方法的讲解，结合建筑速写图片来表现中国不同建筑风景特征，说明建筑速写的方法。

本书范画是从建筑工程学院专业教师多年的速写作品中精选出来的，强调建筑速写实践应用能力与分析能力的培养。通过对本书的学习与临摹，学生可以了解建筑速写的基本知识，培养建筑速写的能力。

本书阐释了建筑速写不仅应以图片来表达对象，还应分析对象的本质特征，这样才能使建筑速写更具内涵思想。本书既可以作为高职高专院校建筑设计技术、建筑装饰工程技术、环境艺术设计、室内设计技术、艺术设计等专业以及其他相关专业的教材和指导书，也可作为成人高校相关专业的教材和参考书，还可作为建筑设计、室内设计、环境艺术设计等相关专业从业人员的参考用书。

本书由三门峡职业技术学院焦晨霞担任主编、张超丽担任副主编，三门峡职业技术学院李琳婉、李玉洁、林琳共同编写。其中张超丽编写前言和第 1 章，李琳婉编写第 2 章，林琳编写第 3 章，李玉洁编写第 4 章，焦晨霞编写第 5 章。乔芳提供部分图片，全书由焦晨霞统稿。

本书在编写过程中得到了同行和部分老师的支持和帮助，在此表示衷心的感谢。

由于编者水平有限，书中不足之处在所难免，恳请广大的读者和同行批评指正，并欢迎来信(289841152@qq.com)，编者深表感谢。

编　者

2014 年 4 月

目　　录

第1章　建筑速写基础知识

速写是快速、概括地描绘对象的一种写生方法。速写是造型艺术的基础,是独立的艺术形式。

速写属于素描,但不同于素描。它是素描的基础,是素描学习过程中的重要环节。对于建筑类专业的学生而言,速写可以用来训练他们对事物形象的观察、分析和表现能力。速写是建筑师对客观世界的艺术表达,是建筑师表达设计意图的一种重要语言。

1.1　工具材料

速写对于工具的要求并不严格,通常根据个人的喜好和表现对象选择合适的纸张和笔。

一、纸

一般的建筑写生建议选择八开的速写本(相比单张纸作画更易保存和携带)。速写本纸张较厚,纸品较好,活页翻动较方便,如图1-1所示。

图1-1　速写本

二、笔

速写常用的笔主要有铅笔、钢笔、签字笔等。

1. 铅笔

铅笔尾部标注的 H 和 B,是区分铅笔芯软硬度的符号。 H 是英文 HARD(硬度)的缩写;B 是英文 BLACK(黑度)的缩写。 H 的数值越大表示铅笔越硬、颜色越浅,B 的数值越大表示铅笔越软颜色越黑。 HB 表示铅笔的软硬度和黑度适中。

铅笔从硬到软分别有以下种类,如图1-2所示。

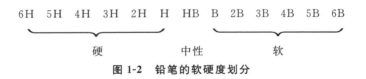

图 1-2 铅笔的软硬度划分

2. 钢笔

钢笔具有耐久、经济、效果好等优点。钢笔速写线条生动、明快，但技能要求较高，只能做加法，不能做减法。钢笔如图 1-3 所示。

3. 签字笔

签字笔是指专门用于签字或签样的笔，有水性和油性之分。中性签字笔又称为中性笔，它兼有钢笔和油性圆珠笔的特点，书写润滑流畅、线条均匀。签字笔随身携带方便，经济实用，常用的笔芯型号有 1.0、0.7 和 0.5 三种，如图 1-4 所示。

图 1-3 钢笔

图 1-4 中性笔

三、橡皮

建议选择质地较软的 4B 橡皮。

1.2 透视

透视的作用是将三维空间形体转化为二维平面的图形，在二维平面图形中形成三维立体的视觉幻象。建筑速写讲究真实准确的特点，要求必须遵循透视的基本规律和要点作画。

一、透视的基本规律

(1)近大远小：凡大小相同的物体，距离越近者看起来越大，反之越小。

(2)垂直大平行小：同大的平面或等长的直线，若与视平线接近垂直，则看起来较大；若与视平线接近平行,则看起来较小。

（3）近高远低:凡高低相同的物体,距离越近者看起来越高,反之越低。

（4）近宽远窄:凡宽窄相同的物体,距离越近者看起来越宽,反之越窄。

（5）近长远短:凡长短相同的物体,距离越近者看起来越长,反之越短。

二、透视的基本类型

透视的基本类型有三种:一点透视（平行透视）、两点透视（成角透视）和三点透视（倾斜透视）。

对于较低的建筑在作画时只需考虑一点透视和两点透视即可。对于建筑体量较大的多层或高层建筑,在近距离俯视或仰视作画时,往往会出现较明显的三点透视规律。

1.一点透视（平行透视）

以矩形为例,在发生透视时,矩形的对边有一组或两组向视平线上的消失点集中,所产生的透视称为一点透视,又称平行透视,如图 1-5、图 1-6 所示。

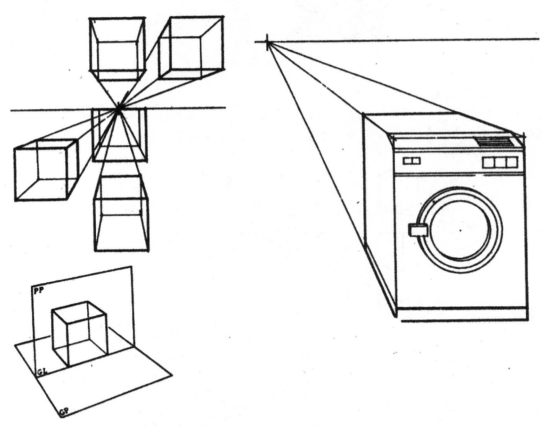

图 1-5　矩形一点透视

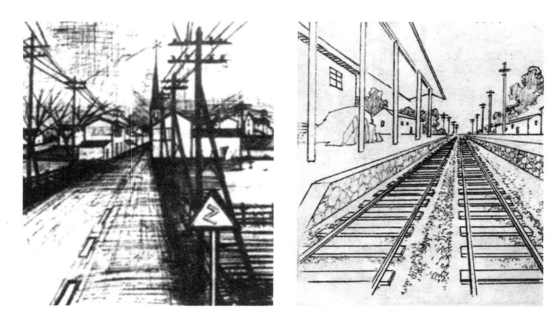

图 1-6 实景一点透视

2.两点透视(成角透视)

以立方体为例,正方体的水平线均不与画面平行,也不垂直,即与画面成任意角度时,所产生的透视称为两点透视,又称成角透视,如图 1-7、图 1-8 所示。

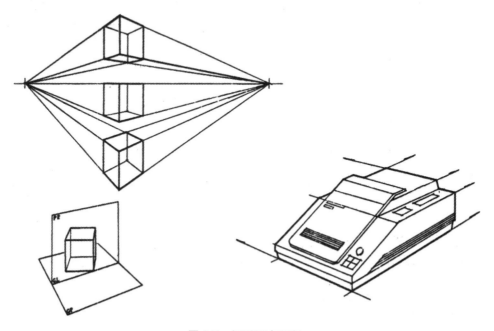

图 1-7 矩形两点透视

图 1-8　实景两点透视

3. 三点透视（倾斜透视）

一个立方体的任何一个面都倾斜于画面（即人眼在俯视或仰视立方体时）除了画面上存在左、右两个消失点外，上或下还产生一个消失点，因此作出的立方体为三点透视，又称倾斜透视，如图 1-9、图 1-10 所示。

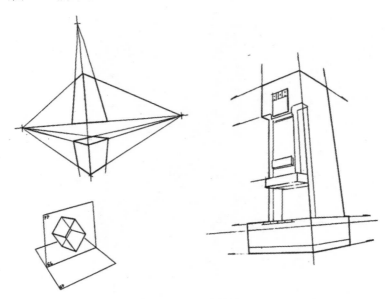

图 1-9　矩形三点透视

图 1-10　实景三点透视

第 2 章　石板岩乡风景速写

2.1　风景环境概述

　　石板岩乡风景速写的写生地点为河南省安阳市林州市石板岩乡，它是著名的写生基地，这里的山属于太行山脉的一部分，自然风光很美，如图 2-1 所示。这里独特的民居很有特点，它非常自然、和谐地融进了太行大峡谷的山水之中，当地流传着这样的民谣："石梯、石楼、石板房，石地、石柱、石头墙，石街、石院、石板场，石碾、石磨、石谷洞，石臼、石盆、石水缸，石桌、石凳、石锅台，石庙、石炉、石神像……"即使从来没有到过石板岩乡，也可以从民谣中听出来，石板岩乡的民居是由石头、石板组成的，如图 2-2 所示。因此，在石板岩乡画风景速写，就要把握好这里的一树一石、一桥一屋，抓住当地的风景特点。

图 2-1　石板岩乡山体风貌

图 2-2 当地农家小院

2.2 风景局部速写

2.2.1 植物画法

一、树的画法

（1）了解树的生长规律，掌握树的造型特点，如图 2-3 至图 2-6 所示。

图 2-3 矮灌木（作者：张超丽）

图 2-4　矮树(作者:张超丽)

图 2-5　夏天的树(作者:张超丽)

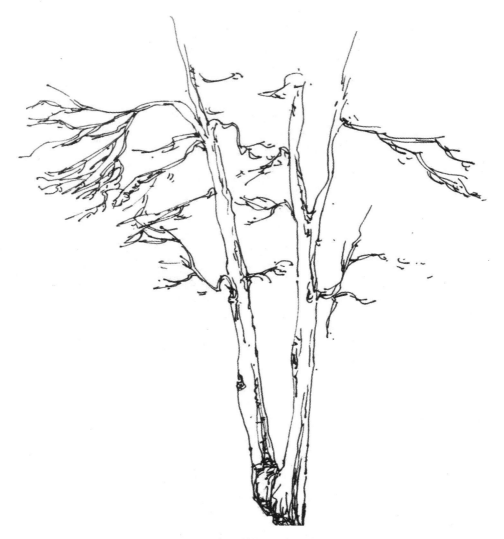

图 2-6　冬天的树(作者:王琴)

（2）了解树的绘图步骤及表现方法。

①以线为主的画法,如图 2-7 所示。

②以明暗调为主的画法,如图 2-8 所示。

（3）熟悉树木绘制的一般顺序。

①从树干画起,再画枝、叶。此种画法能较清楚地表现树的结构,如图 2-9 所示。

②从树叶画起,再画树枝、树干。此种画法能较容易地表现树的动势,叶子浓密的树用此画法能很好地表现出描绘对象的特性,如图 2-10 所示。

图 2-7　以线为主画树的步骤图(图片来源:《夏克梁建筑风景钢笔速写》)

图 2-8　以明暗调为主画树的步骤图(图片来源:《夏克梁建筑风景钢笔速写》)

图 2-9　从树干画起的树木画法步骤图（选自网络图片）

图 2-10　从树叶画起的树木画法步骤图(图片来源:《夏克梁建筑风景钢笔速写》)

二、其他植物的画法

　　画其他植物时要把握好植物的形态,遵循它们的规律性,由于植物细部很多,画时要有取舍,不然会显得繁杂。开始作画时,应先理清植物之间的关系,分清主次,这样才能明白哪些需要着重刻画,哪些可以省略,如图 2-11 至图 2-18 所示。

图 2-11　阔叶植物(作者:张超丽)

图 2-12　小叶植物(作者:张超丽)

图 2-13 兰草(作者:李琳婉)

图 2-14 藤蔓小叶植物(作者:李琳婉)

图 2-15　菊科类植物 1(作者:张超丽)

图 2-16　菊科类植物 2(作者:张超丽)

图 2-17　藤蔓大叶植物(作者:李琳婉)

图 2-18　栅栏内的植物(作者:李琳婉)

2.2.2　山石画法

画石板岩乡的风景速写,山石是不可或缺的部分。山石与树木在画面表现中是相互对比的造型关系。树木是有生命的植物,宜用圆润流畅的笔法,山石是无生命的物体,宜用干脆凝重的笔法,其中:"山"一般处于画面的远景;"石"主要处于画面的近景。画山的时候,应该做到以下几点。

一、表现山的构成结构

(1)山的形成有很多种类,有火山爆发形成的,有海水沉积形成的。山的种类不同,其结构也不相同。我们要仔细观察,在写生时表现出它们各自的特点。

(2)表现起伏的山势。山的外形都是连绵不断的曲线或折线,高高低低,凹凹凸凸,富有变化。在表现时要注意这种节奏上的变化,特别是山峰的弧度、高低、大小、距离,在写生时尽量不要雷同。

(3)处理好山与天空和地面的关系,使之成为一个浑然的整体。可以用白云与山的重叠表现山与天空和地面关系,还可以用树木的层次表现山与地面的关系。

(4)体现山的雄浑气质,画者可以借此表达自己的感受和态度。石板岩乡山的画法如图2-19 至图 2-22 所示。

图 2-19　远山画法(作者:王琴)

图 2-20 山体仰视画法(作者:王琴)

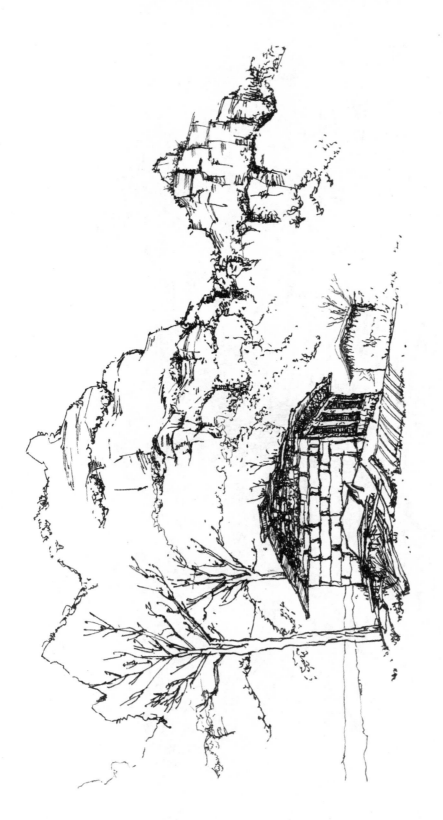

图 2-21　山体与房子的结合画法（作者：王琴）

图 2-22 山体与水的结合画法（作者：王琴）

二、表现石头的构成结构

(1)表现石头的结构和体积。在中国画中,画石讲究"石分三面",就是要表现石头的体积感。

(2)表现不同石头的造型特点。对于画面中近景的石头,要尽量刻画细致,使用多样的表现手法。石头的画法如图 2-23 至图 2-27 所示。

图 2-23　山路(作者:李琳婉)

图 2-24　水中的石头(作者:李琳婉)

图 2-25　石头台阶(作者:张超丽)

图 2-26　岸边的石头(作者:张超丽)

图 2-27　小石桥(作者:张超丽)

2.2.3　房屋画法

　　房屋是风景速写中的一个特殊对象。石板岩乡老房屋的最大特点就是它大部分由石板垒成,因此在画石板岩乡的老房屋速写时,要把握住这一特点。第一,要表现房屋的建筑性,画出的房屋重心要稳定,结构要合理,比例要适当,透视要准确;第二,在表现房屋同地面的关系时,房屋的一部分在地下,所以不要生硬地处理房屋与地面的连接线;第三,在表现房屋的使用功能时,门窗是房屋的细部,可以根据画面的需要进行表现,如果房屋是表现重点,门窗要尽量画细、画全,如果房屋是非表现重点,则可以画得概括、简单;第四,在表现房屋材质特征时,不同风格、样式的房屋,其使用的建筑材料也不同,不同的材料给房屋的表现带来了丰富的内容,给线条提供了多样的表现空间。房屋的画法如图 2-28 至图 2-31 所示。

图 2-28　近景房屋刻画细致(作者:王琴)

图 2-29　远景房屋简要概括(作者:李琳婉)

图 2-30　房屋俯视画法(作者:李琳婉)

图 2-31　房屋仰视画法,注重细节刻画(作者:李琳婉)

2.2.4　配景画法

　　配景是风景速写中的重要组成部分,它不但有助于展示真实空间感和场景感,更能烘托出环境特有的氛围。速写中配景的取舍和放置,主要由画面的构图需要来决定。在不改变客观现实的情况下可以适当地添加、舍弃或移动位置,最终提升画面艺术效果。配景画法如图 2-32 至图 2-36 所示。

图 2-32　植物与石头结合画法(作者:张超丽)

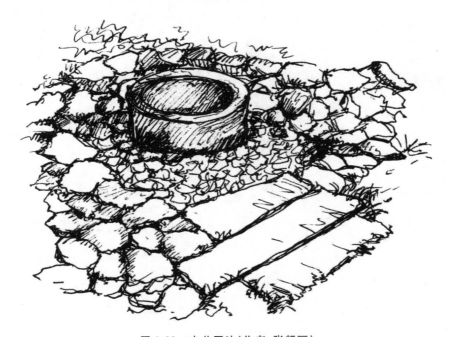

图 2-33　水井画法(作者:张超丽)

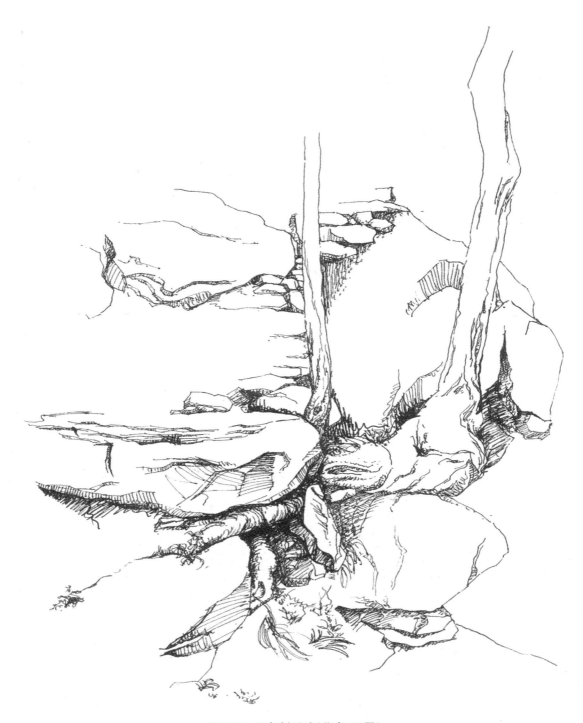

图 2-34 石与树画法(作者:王琴)

图 2-35　小石桥画法(作者:张超丽)

图 2-36　一簇植物画法(作者:王琴)

2.3　空间与距离表现

　　物体之间的前后与空间关系的表现,是能否画出空间感的关键所在。一般有两种方法来表现物体之间的前后关系。

　　一、利用物体与物体之间的黑白对比关系来表现物体之间的前后空间感

　　(1)两物体相叠时,前面物体亮,后面物体暗,则体现出两物体是前后之间的空间关系,前面的石头亮于后面的植物,空间距离拉开,如图 2-37 所示。

图 2-37　通过明暗表现物体的空间关系(作者:李琳婉)

（2）两物体相叠时，前面物体暗，后面物体亮，则体现出两物体是前后紧挨着的关系，如图 2-38 所示。

图 2-38　前面石头暗于后面的石头，表明两者紧挨（作者：张超丽）

二、利用物体与物体之间的虚实对比关系来表现物体之间的前后空间感

前面的物体要深入细致地刻画，后面的物体可以简略概括，这样物体之间的空间感就表现出来了，如图 2-39 和图 2-40 所示。

图 2-39　前面的植物和石头细致刻画，后面的树丛简单概括，空间距离拉开（作者：张超丽）

图 2-40　前面的院门细致刻画,后面的房屋简单概括,空间距离拉开(作者:王琴)

2.4　绘画步骤方法解析

　　速写的目的是为了"寓意",要求写出生意、生趣和生机,写出自然物象的生命精神,而不是只写其形态。徒有其形,僵死无生意,便从根本上违背了写生的本意。因此,速写在表达时往往不会将看到的实景都画于纸上,而是做一些提炼,完成画作,如图 2-41 至图 2-44所示。

　　画面中线条的组织要有对比关系、疏密关系、节奏关系,线条要清晰,而且有力度,如图2-45 所示。

　　画速写,在选景时不一定都要画很宏大的场景,一些小景致也是很入画的,如图 2-46 至图 2-49 所示。

　　画面的远近虚实关系是绘画中需要注意的,如图 2-50 所示。

图 2-41　原景图一

图 2-42 原景图一写生概括(作者:李琳婉)

图 2-43　原景图二

图 2-44　原景图二写生概括(作者:李琳婉)

图 2-45　柴门写生 (作者 : 李琳婉)

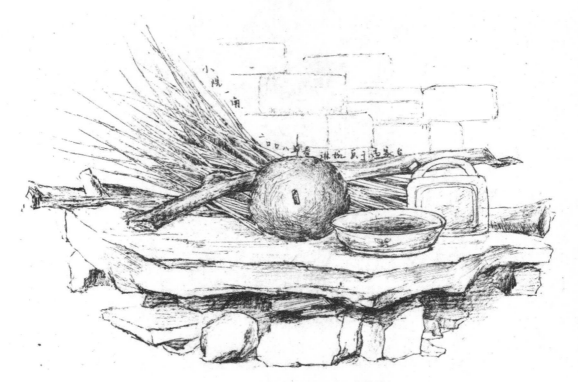

图 2-46　小院石台写生 (作者 : 李琳婉)

图 2-47 小石庙写生(作者:李琳婉)

图 2-48 猪圈写生(作者:李琳婉)

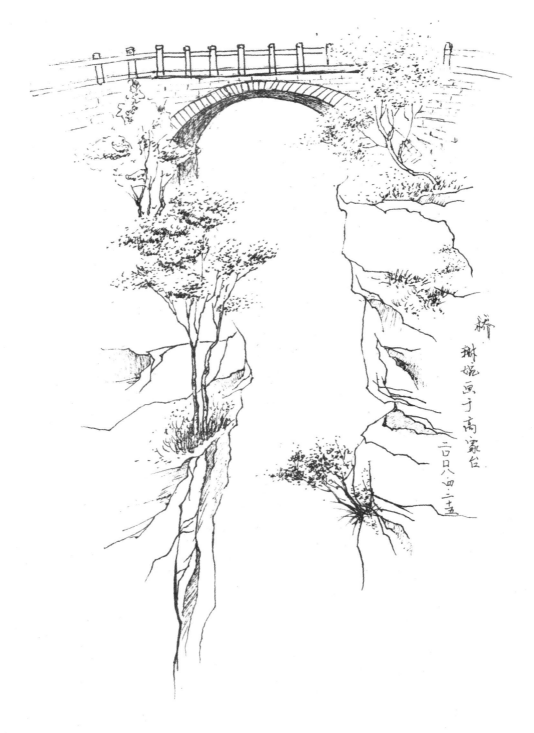

图 2-49　小桥写生(作者:李琳婉)

图 2-50　远处的房子简单概括（作者：李琳婉）

第3章 山西王家大院建筑速写

3.1 王家大院建筑群概述

3.1.1 王家大院建筑群历史沿革

山西王家大院是清代民居建筑的集大成者,由历史上灵石县四大家族之一的太原王氏后裔——静升王家于清康熙、雍正、乾隆、嘉庆年间先后建成。建筑规模宏大,拥有"五巷"、"五堡"、"五祠堂"。其中,五座古堡的院落布局分别象征为"龙"、"凤"、"龟"、"麟"、"虎"五瑞兽造型,总面积达 25 万平方米以上。其中以红门堡(龙)、高家崖(凤)、崇宁堡(虎)三大建筑群和王氏宗祠为主,共有大小院落 231 座,房屋 2078 间,面积 8 万平方米,如图 3-1 至图 3-3 所示。

图 3-1 山西王家大院

红门堡建筑群的总体布局隐一个"王"字在内,又附会着龙的造型。除前堂后寝的院落外,为顺应地形,一部分又变为前园后院。建筑群中的砖、木、石三雕古朴粗犷,有些出自乾隆早期,还保留着明代风格。崇宁堡建筑群的总体建筑与红门堡相似,建筑意象为"虎卧西岗"的院落布局,整体建筑斜倚高坡,负阴抱阳,堡墙高耸,院落参差,古朴粗犷,近于明代风格。

高家崖建筑群两主院均为三进式四合院,每院除有高高在上的祭祖堂和两厢的绣楼外,还有各自的厨院、塾院,并有共同的书院、花院、长工院和围院。周边墙院紧围,四门因地制宜,大小院落既珠联璧合、又独立成章,多种多样的门户,给人以院内有院、门里套门的迷宫式感觉。三座院落基本上继承了中国西周时即已形成的前堂后寝的庭院风格,再加上匠心独运的砖雕、木雕、石雕,装饰典雅,内涵丰富,既实用又美观,兼融南北情调,具有很高的文化品位。

图 3-2　王家大院院落

图 3-3　王家大院大门

3.1.2 王家大院建筑构成要素

山西王家大院建筑的主要构成分为顶、墙、基三大板块(见图3-4)。

顶的要素有:屋脊、烟囱、天窗、瓦、树皮、草、屋檐。

墙的要素有:墙、柱、门、窗。

基的要素有:基石、台阶、栏杆。

针对这些基本构件,本书将在第3.3节的内容中具体讲解王家大院建筑要素的画法,这里先做个基本认识和了解。

图 3-4 王家大院建筑构成(作者:林琳)

3.2 王家大院建筑速写构图规律

3.2.1 观察与选景

建筑写生首先要学会观察,观察要仔细,不要急于坐下来画,应从不同角度和同一角度且不同距离进行比较、分析,找到适合速写的位置。同时,要注意建筑与配景之间的关系如何表现,哪些需要取舍等问题。

一幅建筑速写是否优秀,很大程度上取决于对景物的选取,一个好的场景能激发创作者对其中某些元素的刻画激情,使画面产生好的效果,从而对后续的创作有较大的提高。选择要表现的场景应能很好地表现画面的主次关系,一般来说,主体建筑或建筑的某一部分占画面较大比重能突出画面主题。初学者对于建筑的刻画和景物的描绘还处于懵懂状态,不知道从何下笔,那么在选择建筑的时候应先从较简单的单一形体或透视角度不复杂的建筑细节开始;速写水平提高之后,再选取较完整的整体建筑进行速写练习。总之,在写生时要灵活掌握,根据不同的对象选用不同的处理方法,如图 3-5 所示。

图 3-5　观月台(作者:林琳)

3.2.2　构图的要点

　　构图应着重考虑画面的组合关系,考虑构图时如何组合更美,动笔后要取舍合理、画面均衡,符合人们的视觉规律,遵循形式美的法则。

　　建筑主体不应放在画面中心,这样会使画面看起来呆板、不活泼;建筑主体也不可太偏,太偏会使画面看起来主体不明确;最好是放在画面的"黄金分割点",画面横向和竖向各三份,四个交点称为"黄金分割点",将绘图中心放在"黄金分割点"上容易形成画面的趣味性。

　　根据写生经验,有 A 字形构图、三角构图和均衡式构图三种基本构图形式。A 字形构图一般表现单体建筑,采用成角透视容易突出主体;三角构图一般是整幅图画成三角形结构,如图 3-6 所示;均衡构图是建筑速写应遵循的基本规律,均衡不是对称,而是画面上下、左右物象的形状、面积、大小等达到视觉上的平衡,疏密关系的合理布置,这也是综合性构图原则,如图 3-7 所示。以上三种构图法需要勤加练习,用心揣摩,才能很好地掌握并运用到写生中。

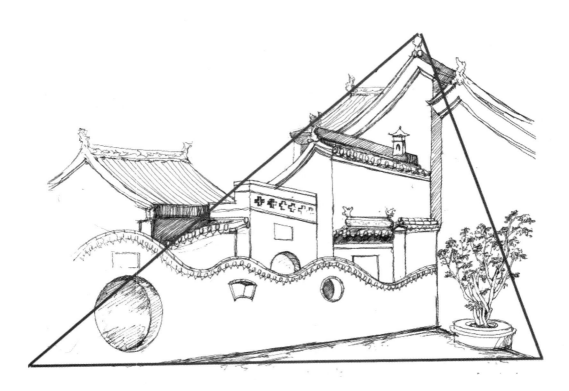

图 3-6　三角构图

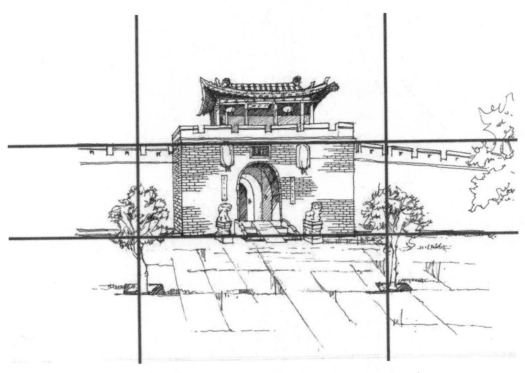

图 3-7　均衡式构图

3.3　王家大院建筑表现技巧与步骤

3.3.1　表现方式选择

一、以线为主的表现方式

线条是建筑速写中最基本的组成元素,它看似简单,实则千变万化。在建筑写生时徒手表现主要是强调线的美感和线条变化。线条具有很强的概括力和细节刻画能力,通过长短、粗细、曲直、快慢、虚实等不同线条的组合和叠加,可以表现建筑及周边环境的形体轮廓、前后层次、空间体积、光影变化,以及不同物象的质感。

训练时应掌握线条的疏密、轻重,把握好线条的节奏,才能使画面产生丰富的变化和美感,各种线条表现如图 3-8 所示。

有些建筑物象体量庞大,一条线不能完全表达清楚,这时可以运用短线与短线的连续来达到形象的完整表达。注意画线时线的连贯性和结构关系的表现,如图 3-9 所示。

以线条为主来描绘屋顶、栏杆、门、植物等,能很好地表现空间和层次,注意运用线段的疏密有序地排列组合来表达,如图 3-10 所示。

图 3-8　各种线条表现

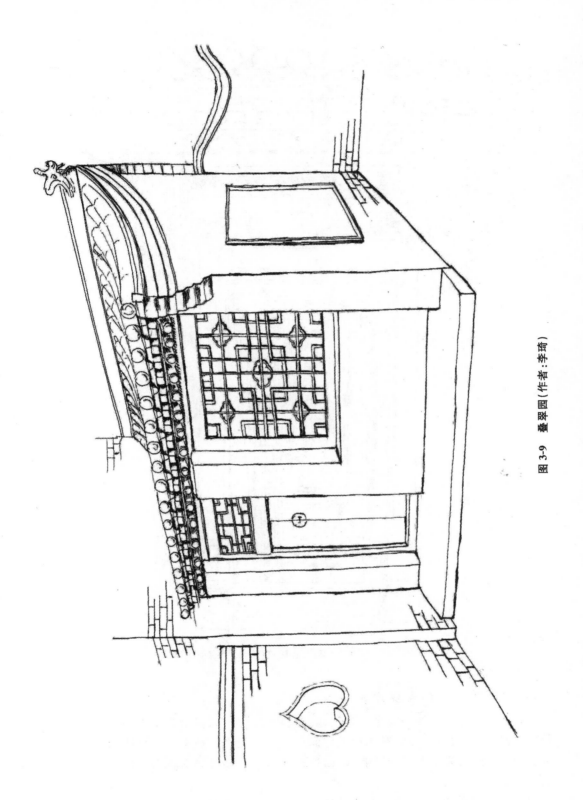

图 3-9　叠翠园（作者：李琦）

图 3-10　王家大院建筑(作者:乔芳)

二、以明暗为主的表现方式

建筑速写中除了以线条为主来表现建筑及环境之外,以明暗为主来表现建筑速写也是一种重要的方法,通过黑白的对比产生空间层次。一般在屋檐下,门、物体的接触部分可以着重强调,另外,受光线照射的影响,暗面也需要通过明暗处理来加强,如图 3-11 至图 3-14 所示。

加强明暗表现,能很好地表现空间的进深感和建筑的层次。

图 3-11　王家大院(作者:张超丽)

图 3-12　王家大院(作者:聂剑帆)

图 3-13　王家大院(作者:林琳)

图 3-14　王家大院(作者:聂剑帆)

3.3.2　建筑细部与整体表现

一、细部结构表现

1.顶的表现

屋脊一般造型较长,应尽量抓住它的起点和终点的造型特征,而其他部分就要相对地减弱了,以形成有主有次的松紧效果。有时也可以只画屋脊的外轮廓形状,但要注意其方向的趋势性,如图 3-15 至图 3-17 所示。

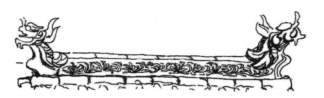

图 3-15 屋脊、鸱尾的画法

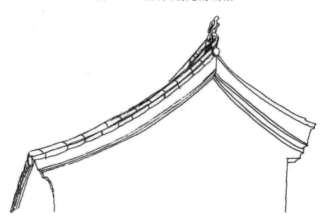

图 3-16 屋脊侧面的画法

图 3-17 屋顶整体造型画法

　　瓦,由于数量过多、体量过小,在描绘开始阶段,不必具体刻画。通常要留到最后,根据画面的疏密和需要再进行处理,或为条状,或为密集排列,或为舍弃。但当瓦的体量较大、造型很有趣味时,也可以认真地描绘。例如,王家大院的瓦面积较大,在表现屋顶瓦的时候,可以采用前面瓦的形状做具体刻画,根据空间透视,向离视线较远的地方瓦慢慢简化、消逝。除此之外,也可以采用屋顶瓦全部简化的表现形式来画瓦,如图 3-18 所示。

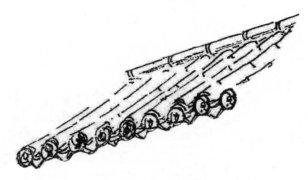

图 3-18　瓦的画法

根据视线角度不同,瓦的方向和透视也不同,如图 3-19、图 3-20 所示。

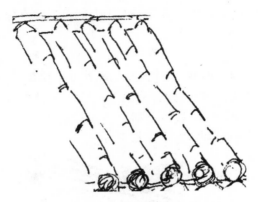

图 3-19　平视时瓦的画法

图 3-20　仰视时瓦的画法

屋檐,其结构既多又复杂,在刻画时要将其尽可能地简化处理。一般只抓住它的起点与结束点,因为这两处都是与别的大结构相连接的地方,是屋檐表现的关键部位。至于中间地带,除去具有特殊的造型外,均可以削弱或省略,如图 3-21、图 3-22 所示。

图 3-21　屋檐

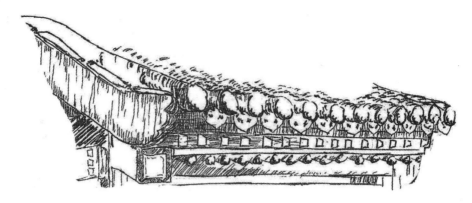

图 3-22 屋檐

山西王家大院的屋檐形式复杂,在局部特写的时候可以做具体详细的刻画,在大场景速写的时候要尽可能做简化省略处理。

2. 墙的表现

墙面,多数情况下属于"疏"的地方,除去大轮廓外可以什么都不画。墙面为"空",门、窗为"实",组成了很好的疏密关系,假如你再将墙上的砖与斑驳全加上去,便会失去了这种疏密,视觉上显得过分平均,如图 3-23 所示。如果墙面有墙灰的剥落,露出少量的、有秩序性的砖石,也可描绘,以无琐碎感为度,如图 3-24 所示。

图 3-23 墙面与门组合表现

图 3-24 墙面表现

　　窗的造型是要以"实"的效果来表现,墙面可以不用刻画,或者加上少许残破的砖的效果,如图 3-25、图 3-26 所示。

图 3-25 窗户

图 3-26 窗户造型

柱子增加了墙面的内容,丰富了绘图效果,尤其是柱廊,富有连续排列的节奏感。在刻画时,先要勾勒出纵向柱体的双勾线,然后再用后面繁复的门窗,将简单的柱子突出表现出来,如图 3-27、图 3-28 所示。

图 3-27 柱子 1

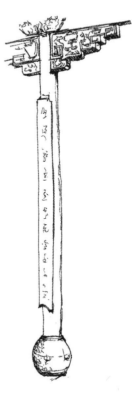

图 3-28 柱子 2

3. 基的表现

建筑基层可以分为栏杆、台阶、基石,它们可以拉开图纸中建筑前边空间的层次。

栏杆,王家大院的栏杆是石刻与石雕艺术的结合,在刻画时,应注意栏杆的形状和栏杆相互之间穿插的关系,可以用明暗来表现物体的立体感,如图 3-29 所示。

图 3-29　栏杆表现

当台阶很长时,要注意"近大远小"、"近疏远密"的透视感。并且要注意,有时台阶的横向排列并不是等距水平状的,而是自然地会有一种大小渐变和方向性倾斜。

如台阶两旁有纵向透视的阶石,台阶的"横线"一头要顶在"竖向"阶石的旁边,而另一头要压在其他另一侧阶石的空白面上,如图 3-30 所示。

图 3-30　台阶

灯笼,是王家大院建筑速写中不可缺少的元素,起到点缀的作用。刻画时,应注意灯笼的形状,用线条来表现灯笼的转折面,适当地加些阴影,如图 3-31、图 3-32 所示。

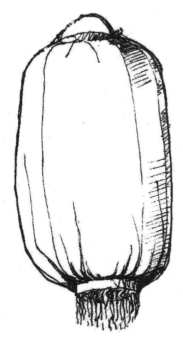

图 3-31　灯笼 1

图 3-32　灯笼 2

二、整体表现步骤

建筑速写比较难的一点就是如何下笔,因为建筑速写具有专业性较强的特点,一般进入专业学习之后才会有针对性的建筑速写训练。初学者由于造型能力有限,表现技法不够熟练,缺乏组织画面的能力,应先用铅笔勾画出大概轮廓后再用钢笔深入刻画,这样容易整体把握构图和透视,等到写生技巧掌握熟练后再直接用钢笔进行刻画。

我们在浏览学生的速写本时,经常会看到半成品,甚至有的画了几条透视线就放弃了。这种现象对初学者很不利。作为有一定绘画基础的初学者,建议直接用钢笔来画,放弃对铅笔和橡皮的依赖,养成思考清晰、下笔准确、不涂改的好习惯。

训练项目　王家大院完整作画步骤

步骤一　定位视平线、起形

对同一个建筑选择不同的视平线、视点,会产生截然不同的画面效果。定好视平线和视点后就要开始画轮廓,初学者可先用铅笔起形,通过目测画出大的透视线,再依据透视线画出物体的轮廓,一般消失点通过目测,基本准确即可,如图 3-33 所示。

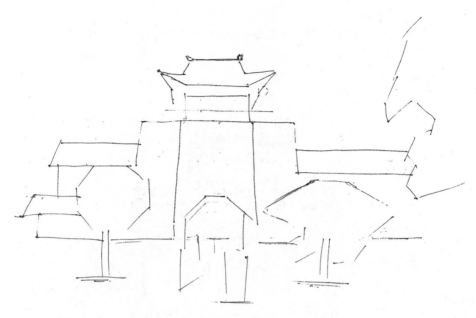

图 3-33　起形

步骤二　深入刻画一

　　深入刻画时,在铅笔轮廓的基础上用钢笔或水性笔逐步对建筑各界面进行仔细刻画,这样勾画的线条坚实有力,细部刻画能做到精细准确,如图 3-34 所示。

图 3-34　深入刻画一

步骤三　深入刻画二

对主体建筑物进一步深入刻画,增加必要的细节部分,继续加强对比和强化明暗,把握画面整体近实远虚的效果,如图 3-35 所示。

图 3-35　深入刻画二

注意:此时应遵循由上到下、由前到后、由主体到配景的原则。由上到下的原则,是因为建筑物的上部是体现透视关系的重要部位,下部要协调好建筑物与地面的衔接以及与配景的关系。由前到后的原则,是因为钢笔和水性笔不可涂改的特性,要先将前面的物体表现完整,再穿插表现后面的建筑物往远景推移。由主体到配景的原则,是因为画面要表达的主体应突出,只画建筑物过于单调,故配景的陪衬作用不容忽视,处理好两者关系至关重要,如图 3-36所示。

步骤四　画面调整

画面基本完成后,要从不同角度审视画面,看画面有哪些疏漏,构图是否均衡,疏密关系是否合理,配景和主体的关系是否恰当等。如果画面有不足的地方,应及时进行修补和改正,最后签上名字和日期,同时签名也可以起到调整画面构图的作用。

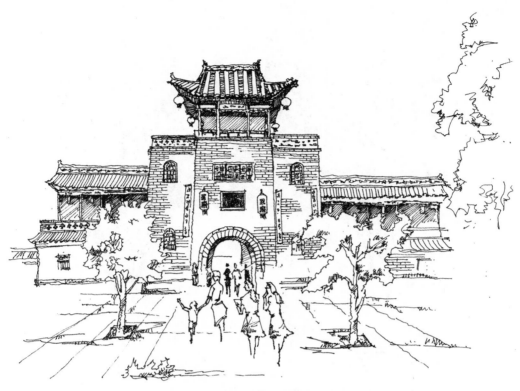

图 3-36　深入刻画三

3.3.3　配景表现

　　建筑速写虽然只针对建筑描绘,但是建筑速写不能只画建筑,还要考虑建筑周边环境和一些物体,画面配景能丰富建筑速写内容,使画面充满生机。但是配景也不宜过多,否则,会影响建筑主体的表现,喧宾夺主。

　　一、树和植物

　　建筑速写中树是配景中很重要的元素,树种类繁多、姿态万千。树虽然在建筑速写中是配景,但不管什么形态的树都是建筑很好的画面补充。所以,写生前应做一些必要的临摹练习,写生时认真观察树的形态特征,分析树叶与枝干的组成关系和层次关系,做到心中明确后才能下笔,如图 3-37、图 3-38 所示。

　　本书在第二篇中已经对植物的画法做了具体讲解,在这里希望能通过植物与王家大院建筑的相结合,使学习者加深对树和植物的速写掌握,下面通过两幅作品展示建筑与植物的关系,如图 3-39、图 3-40 所示。

　　图 3-39 中树叶和植物表现得很细腻,突出叶子的形状,这种画法也是表现植物的一种方法。

　　图 3-40 很好地表现了前面的树和植物,树的结构合理,形体结实,草垛的体块表现得很生动。

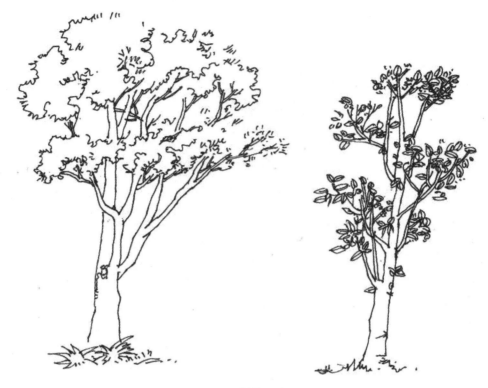

图 3-37 树的画法一

图 3-38 树的画法二

二〇二二年　乔芳　画于晋中王家

图 3-39　王家大院（作者：乔芳）

2012. 10. 30.

图 3-40 王家大院建筑(作者:张超丽)

二、人物

在王家大院的建筑速写中,会涉及一些带有人物的场景。建筑中的人物在表现时应遵循结构入手、线条为主、分项突破的练习方法。

结构入手:人物速写要求结构和比例准确,因此,首先要了解人物的基本形体结构及其运动规律。学习过程中,可以借助医用解剖书籍和人体模型进行一些知识了解,还可以有针对性地进行写生和对应训练。

线条为主:人物速写学会运用线条的长短、粗细、曲直、松紧、滑涩、疏密变化表现人物形象。速写中要注意线与线之间的穿插关系,"结构线"要准确,特别注意关节部位的转折扭动关系。"衣纹线"要体现内在结构,并注意疏密对比。在写生中,适当辅以明暗,有利于增加层次感和体积感,如图 3-41 所示。

图 3-41　人物表现(作者:林琳)

分项突破:对速写中的一些难点,要安排一定时间,集中精力,分项突破。人物的动态,可以通过抓主线练习进行训练,练习时省略细节,强调主要动态线。手的动态,可以结合结构理解进行专项训练。画人物时可以先对肘关节、膝关节部分进行局部写生,训练对衣皱的提炼概括和表现能力,然后再进行半身和全身的衣皱练习,如图 3-42 所示。

图3-42 王家大院（人物表现）（作者：林琳）

三、静物

　　根据静物的大体比例、形态,可以选择感兴趣的地方着手勾画。例如,画院前狮子时,要用准确肯定的笔触描绘出狮子的五官形象,由上及下,将写生对象身体轮廓、纹路的起伏变化等作进一步的刻画。毛发部分用线松动流畅,但要与头骨体积成比例,并顺着毛发的生长规律走。在对头、肩、手、足的刻画时,应注意其内部的结构关系,如图 3-43 至图 3-45 所示。写生中,应一边画一边调整,可以说,作画的过程是一个不断调整、修改,并且不断完善的过程。

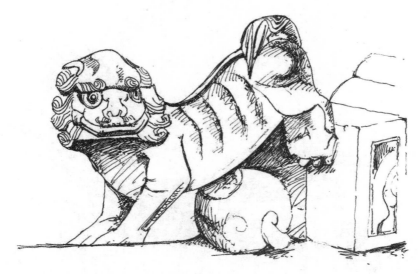

图 3-43　建筑石雕静物

图 3-44　石雕静物一

图 3-45　石雕静物二

3.3.4 全景表现

　　作画时应始终把握整体—局部—整体的作画原则,局部肯定之后,重心回到整体,该加强的部分加强,该削弱的部分削弱,要懂得画面中"取舍"的艺术含义。重点刻画之处一定要细致入微地刻画,最后还应注意"将错就错"的处理技巧。面对有些废线条时,不用擦去,在旁边适当补充几根线条就会形成新的组织和节奏,从而化腐朽为神奇。总之,作画时应从整体出发,不断调整、修改,直至最后完成,写生范例如图 3-46 至图 3-48 所示。

图 3-46　王家大院（作者：聂剑帆）

　　此张作业是一幅完整的建筑速写,运用钢笔工具,整体与局部的关系把握得很好,不凌乱。

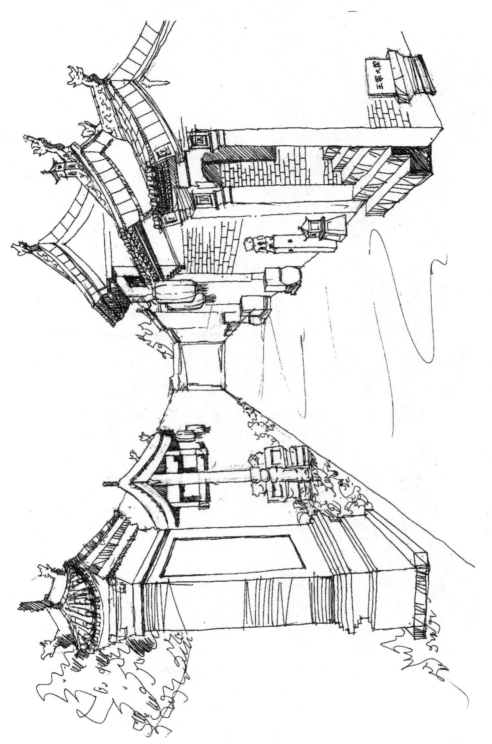

图 3-47 王家大院小巷一（作者：林琳）

图 3-48　王家大院小巷二（作者：张超丽）

3.3.5 图片临摹练习

一、临 摹

临摹他人线描作品,是初学者最直接、最快捷地学习和掌握写生的方法。因为别人已经将构图、物像、疏密处理得比较好,临摹者只需要按照原图描摹出来,就可以很快捷地获得造型经验和画面处理的能力。临摹初期应选择画面处理、构图不复杂的作品进行练习,从简入繁地进行训练。

二、照片临摹

照片虽然是平面的图像,但是临摹起来需要我们对构图、内容、疏密等关系做取舍。照片临摹提供的信息很多,临摹时应从大的形象和结构入手,忽略小的细节,对物象做整理归纳,减少琐碎的东西,见实例一至实例三(见图 3-49 至图 3-54)。

实例一

图 3-49 王家大院实景照片一

图 3-50　王家大院照片临摹一（作者：林琳）

实例二

图 3-51　王家大院实景照片二

图 3-52　王家大院照片临摹二（作者：林琳）

实例三

图 3-53　王家大院实景照片三

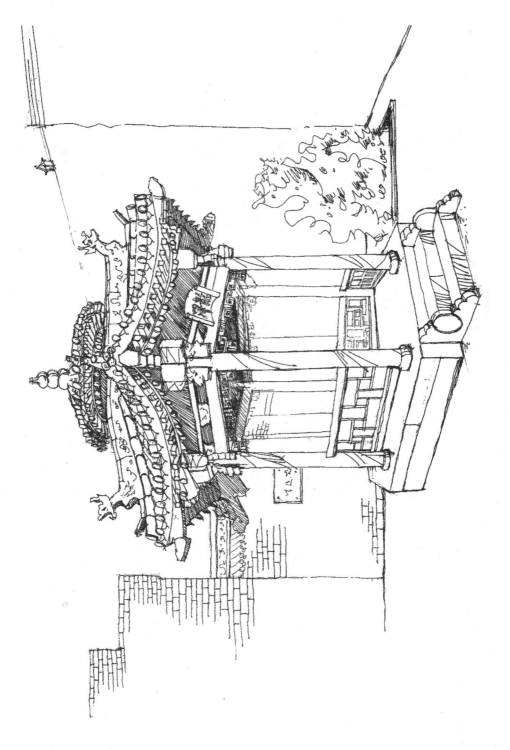

图 3-54　王家大院照片临摹三（作者：林琳）

3.4　王家大院建筑速写画面处理技巧

3.4.1　画面中近景、中景、远景的表现方法

　　建筑速写中,景物的描绘能很好地体现画面的空间感和层次。一幅完整的画面包含近景、中景、远景三个部分,离我们视线较近的物体应着重刻画,力求细致;中景一般安排主要建筑物,所以将建筑的形体转折、建筑构造、光影等作为表现的重点;远景因离人视线较远,应做虚化处理,不应过多考虑细节和局部的刻画,如图 3-55、图 3-56 所示。

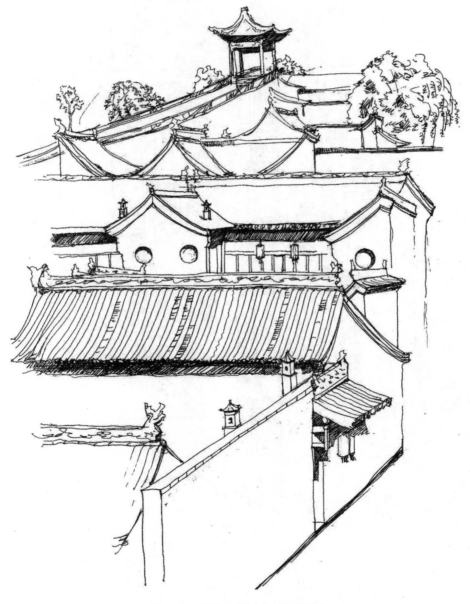

图 3-55　王家大院四(作者:林琳)

图 3-56 近景、远景表现 (作者：林琳)

3.4.2　借景与移景

借景和移景是园林建筑的一种造园手法,建筑速写也可以运用这种手法,收无限于有限之中,从而丰富画面构图、增加画面层次,借景可以是建筑物、人、山石、植物、静物等。借景的方法有远借、近借、邻借、互借、仰借、俯借、应对借等,借景可以起到提高创作艺术境界的作用,如图 3-57 所示。

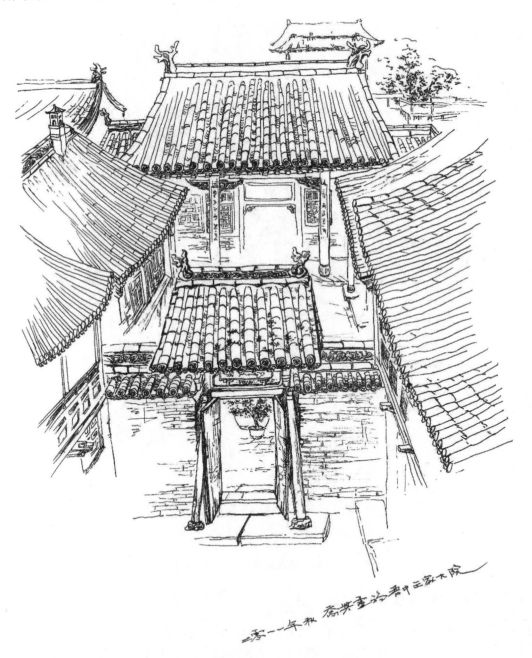

图 3-57　王家大院五(作者:乔芳)

除了主体建筑屋顶的表现之外,采用借景和移景的方法还可以用来表现画面整体效果。图 3-58 中,作者很好地借用了植物和房屋来映衬整个景观,特别是房屋顺序的调整和安排,使画面产生节奏感与和谐感。

图 3-58　王家大院建筑写生一(作者:张超丽)

3.4.3　画面的虚实表现

对实景的描绘,物象上存在空间层次和近实远虚的问题,需要刻画时,注意表现整个建筑空间的层次感,减少琐碎的物体。山西王家大院的院落层次丰富,装饰繁杂,刻画时需要注意层次的处理和物象的归纳,如图 3-59 所示。

图 3-59 王家大院建筑写生二(作者:张超丽)

图 3-60 的画作运用了虚实的表现手法,很好地体现了整体景观的空间感。

图 3-60 王家大院建筑写生三(作者:张超丽)

3.4.4 画面的黑白处理

在王家大院建筑速写中,屋顶、门窗、柱、台阶等受光面都要用线来表达,而屋檐下、门窗内、柱与台阶连接处都需要用黑色块来表达。王家大院的屋门内侧颜色看起来很重,有些同学就使劲的描绘,把屋内画得很黑,破坏了画面的整体黑白秩序。因此,在刻画时不能过快也不能过慢,过快容易忽略画面结构、明暗等关系;过慢则容易过多地关注琐碎繁杂的细节,使整个速写的整体感不足,破坏了画面的节奏感。另外,暗面的短线要以利索,短小的线密集排列出来,用笔要有力、明确,相交的线要显得自然,忌讳拘谨、磨蹭、反复涂抹的画法。最后,通过画面的黑白关系调整,使画面看起来更加协调,完整,如图 3-61、图 3-62 所示。

图 3-61　王家大院建筑写生四(作者:张超丽)

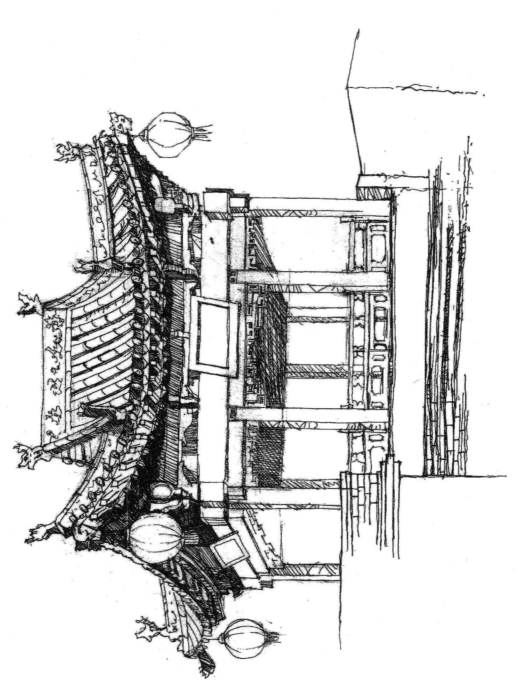

图 3-62 王家大院建筑写生五（作者：林琳）

在图 3-63 中,作者对建筑阴影部分着重强调,建筑的结构转折明确,画面黑白关系明确。

图 3-63　王家大院建筑写生六(作者:张超丽)

第 4 章　现代建筑速写

随着社会的物质文明与精神文明不断发展,人类对生活场所提出了各种不同的需求,从而建造了各种不同类型与功能的建筑。传统建筑越来越少,现代建筑逐步确立了其主体地位,因而现代建筑写生成为建筑速写中不可或缺的一部分。现代建筑在多个方面都与传统建筑有所不同,故现代建筑速写要求更为严格,在表达上更注重比例性、准确性、严谨性、完整性,不能随意对建筑进行夸张变形及失真表达。掌握现代建筑的画法,可以有效地帮助我们搜集资料、拓展思维,推进设计构思与表达。

4.1　现代建筑的场景表现

现代建筑速写中具有很多场景元素,它们主要用来表现建筑的性质与空间感。配景对于建筑性质的表现,例如机场建筑配以飞机、码头建筑配以船只、货场建筑配以载重车……这些配景的出现更能表现不同类型建筑的性质及地域性,如图 4-1 所示。配景的出现不仅可以体现画面的近景、中景、远景关系,还可以调整画面构图,明确建筑的尺度。除此之外,配景还可以丰富画面、渲染气氛、烘托环境,比单纯的建筑表现更有趣、更耐看。在现代建筑速写中配以人、鸟、植物、交通工具等,会使画面更有活力,如图 4-2 所示。没有配景的画面

图 4-1　现代建筑场景地域性表现(图片来源:《钢笔画速写范例 100 篇》,*Sony San*)

会显得极为单调,因此,在现代建筑写生中配以符合比例与透视的配景是极为必要的。现代建筑写生中主要的配景为人物和交通工具,以及植物和设施,掌握这些元素的场景表现,让我们能更自如地体现建筑本体的性质,从而传递不同类型建筑所表现出来的氛围与情感。

图 4-2　现代建筑场景渲染性表现

4.1.1 人物的表现

人物,是现代建筑的场景元素之一,在表现中,要紧抓各年龄段、各阶层、各季节、各地域人物所表现出来的特征。所绘人物的动态要与表现的画面环境相协调;服饰与所表现的季节及地域相符合;大小比例要与画面的整体尺度、透视相一致。对初学者来说,刚开始掌握不了人物的细节画法,因此在现代建筑写生中尽量避免人物出现在近景区内。其实,大部分现代建筑速写都将人物放在中景及远景的位置,以衬托建筑的空间感。只有对人物的动态、比例、形体结构有了一定的了解,才能更好地掌握现代建筑速写中人物的画法。加强人物动态的速写和默写,辅以临摹,能使我们更好表现人物特征,所以平时多加练习显得尤为重要。

一、人物画法

在表现人物的时候,应抓住人物特征,以最简洁的方式体现人物的特性。概括化的人物不仅可以点缀画面,而且不易喧宾夺主。例如,小青年在穿着上,上衣短、下衣长,凸显前卫;中年人衣着西装,凸显稳重;老年人驼背,拄拐棍凸显沧桑等等。在写生中要认真观察,尽力抓住事物特征,用最简单的形式进行概括表达。具体人物画法如图4-3所示。

图 4-3 人物表现画法(作者:李玉洁)

(1)人物表现可以先从躯干部分画起,将其概括成为长方形。

(2)根据姿势的不同,将四肢及头部放到长方形的躯干上,这样人物表现就完成了。

(3)加上一些凸显人物特性的附属品。

人物的各种姿态,都可以用上面的方法进行表现。只是将基本躯干按运动的趋势进行变化,而后加上四肢及头部的姿态变化,就形成了人物的各种动态及姿势表现(见图4-4)。在多人表现的时候,找出人物间的动作联系及特征,加以表现。

图 4-4　人物表现的动态变化 (作者：李玉洁)

二、人物表现要领

1. 人物表现与视高

在人物表现时,特别要注意人物的透视。无论视平线的高度如何,以视点为依据,都遵循近大远小的原则。在人物透视表现的时候,主要有以下三种情况:当视平线低于人物的身高时,离视点近的人物头顶高于离视点远的人物头顶;当视平线等于人物的身高时,无论离视点远近,人物的头顶都一样高;当视平线高于人物的身高时,离视点近的人物头顶则低于离视点远的人物头顶(见图 4-5)。在以上三种人物透视表现中,视平线等于人物身高的情况在现代建筑写生中经常出现(见图 4-6)。

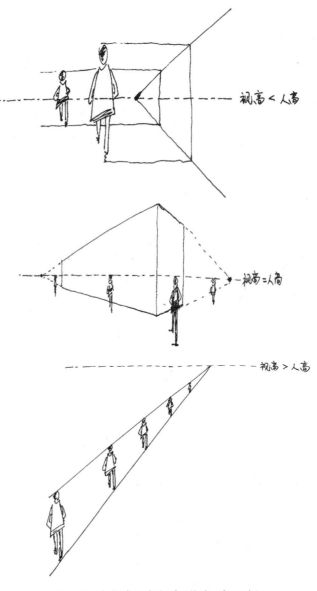

图 4-5 人物表现与视高(作者:李玉洁)

图 4-6　视高等于人高的表现(作者:李玉洁)

2. 人物表现与建筑主体

在人物空间表现上,要注意近景区内的人物数量少,一般为 1～2 人,并且要偏离建筑物主体;中景区内的人物要略微分散;远景区内的人物宜居于画面中心,或距离所表现的现代建筑的主体较近(见图 4-7)。

图 4-7　人物表现与建筑主体(作者:李玉洁)

4.1.2　交通工具的表现

随着人们生活水平的不断提高,交通工具的数量也在不断增加,而且其款式也越来越多。交通工具成为人们出行必需的工具,这也是现代社会的一个显著特征。在不同的场所我们可能会遇到各种不同的交通工具,因此在现代建筑写生中掌握交通工具的画法也显得尤为重要。

一、汽车

汽车是我们最常见的一种交通工具,画汽车时应了解汽车的结构及各部分之间的衔接,这样画起来更容易上手。我们可以把汽车解构成不同的几何形体加上由圆柱表示的车轮组合而成,写生时先画出几何形体的比例及透视,再深入刻画,如图4-8所示。

图4-8 汽车表现四步骤(作者:李玉洁)

汽车在现代建筑写生中的表现应注意以下几点。

(1)汽车的比例、透视要与现代建筑环境相一致。

(2)在现代建筑写生中,汽车一般位于画面的中景位置,因为处于近景与远景区之间,容易造成建筑尺度失真。汽车的多少、方位等要根据画面的构图及需要,进行层次、疏密处理,旨在烘托画面,突出建筑主体形象,如图4-9所示。

(3)根据现代建筑性质,选择合适的汽车表现类型。例如,街道多为轿车与公交车,货场多为载重货车。

二、轮船、飞机

轮船、飞机在现代建筑写生中具有凸显建筑物特性的作用。尤其是在机场写生与码头写生中,要精心考虑、巧妙安排。轮船、飞机的表现方法与汽车的表现方法相似,可作参考。

图 4-9　汽车在建筑中的表现(作者:聂剑帆)

4.1.3 小品、设施的表现

在现代建筑写生中，有很多人造的景观，在画面中不要置于外围，这样让人觉得构图很散。偏横的现代建筑形体搭配竖长的配景最为适宜，偏竖的建筑形体则要搭配横长的配景。在小品及设施的表现中，要注意画面的整体性及比例透视关系，如图 4-10 所示。写生中可能遇到的其他小品如图 4-11 至图 4-17 所示。

图 4-10　喷泉小品的表现(作者:李玉洁)

图 4-11　各种小品的表现(作者:李玉洁)

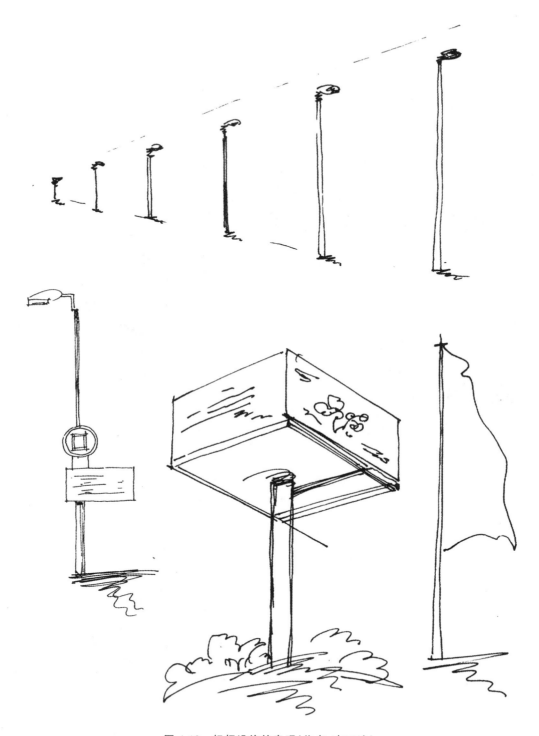

图 4-12　标杆设施的表现(作者:李玉洁)

图 4-13　花台小品的表现(作者:李玉洁)

图 4-14 公园设施的表现(作者:李玉洁)

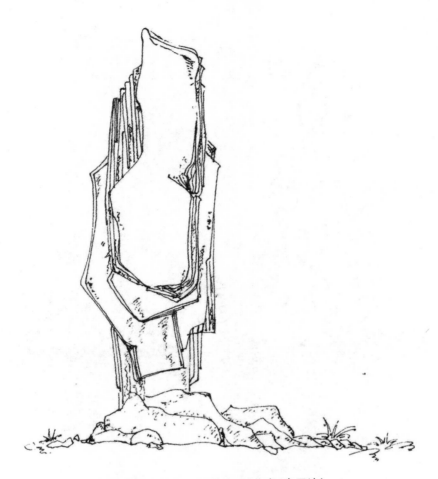

图 4-15　山石小品的表现(作者:李玉洁)

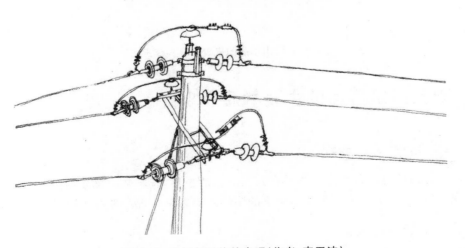

图 4-16　电线杆设施的表现(作者:李玉洁)

图 4-17　假山小品的表现(作者:李玉洁)

4.2　现代建筑界面的主要材质表现

4.2.1　大理石界面的表现

　　大理石界面的材质特点主要体现在其表面光滑平整,有略微的反光,宜用干净利索的线条来表现,可利用周围环境在光线影响下的阴影及倒影来体现大理石的质感。

4.2.2　抹灰墙面的表现

　　抹灰墙面主要包括石灰墙面、水泥墙面、水刷石墙面等,这些界面的主要特点为表面平整,在写生时宜用疏密有致的点来体现界面的体积与色调,用垂直和水平的线来表现抹灰墙面的分块线。

4.2.3 清水砖界面的表现

在现代建筑写生中,清水砖界面的表现可以根据远景和近景的不同来分别进行处理。近景一般细节较多,因此近处的清水砖应刻画得具体一些,要体现出清水砖的块体,但是不可盲目去画,要注意画面的虚实对比关系,不能像制图那样每一块砖都整齐地排列画出,尤其是在转折处的清水砖要仔细雕琢。画远景时,笔触宜轻而快,概括性强,对远处的清水砖墙不必表现块体,只需表现色调。

4.2.4 玻璃界面的表现

在现代建筑写生中,玻璃界面主要分为透光玻璃与反光玻璃两种。日光照射下透光玻璃能体现室内环境,而室内光线通常没有室外的好,因此透光玻璃在写生中表现得很暗,离玻璃较近的物体能得到体现,离玻璃较远的物体则以明暗概括画出。从反光玻璃看不到室内环境,可以根据物体表面的亮度,在写生中根据情况加白来表达,如图 4-18 所示。

图 4-18 反光玻璃与透光玻璃的表现(作者:李玉洁)

在现代建筑中,玻璃界面的材质在窗户上运用得较为普遍,有时建筑通体都是反光的玻璃。在写生中,我们可以根据玻璃的特性,运用阴影与倒影来体现玻璃的质感。没有阴影的玻璃,我们可以运用斜线的排列来体现玻璃界面,但是要注意线条排列的疏密、层次关系,如图 4-19 所示。

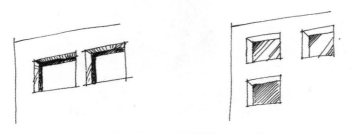

图 4-19 玻璃有无阴影的表现(作者:李玉洁)

4.3 现代建筑速写的画法解析

4.3.1 体块组合

　　在现代建筑写生中，我们最初都会把建筑物看成是由一个或者多个简单的几何形体组合或切割而成的复杂形体，先画出几何体的比例、透视，而后再描绘建筑本体造型，这样能更准确地把握建筑的整体。体块组合的练习可以帮助我们更好地分解建筑，了解各形体的穿插、组合及变化过程，为现代建筑速写提供一个过渡的桥梁，如图 4-20 至图 4-23 所示。

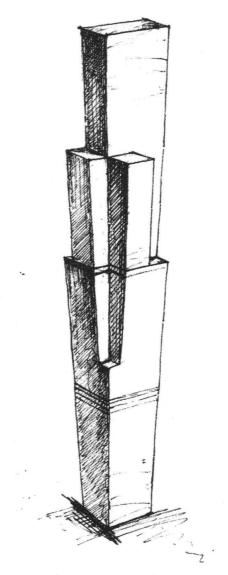

图 4-20　同一体块的组合（作者：李玉洁）

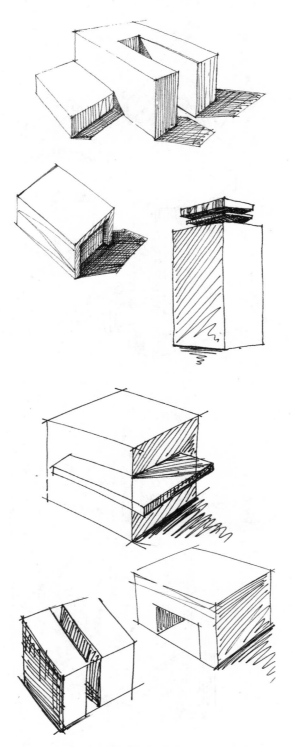

图 4-21　体块的简单组合练习一（作者：李玉洁）

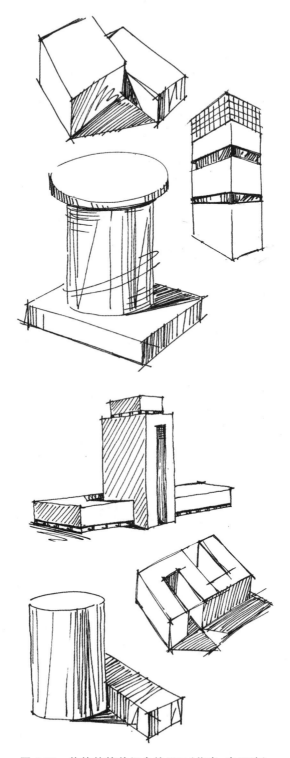

图 4-22　体块的简单组合练习二(作者:李玉洁)

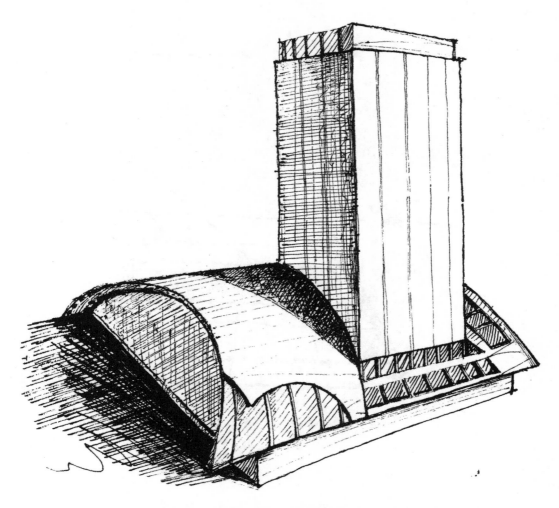

图 4-23 体块的复杂组合练习 (作者:李玉洁)

4.3.2 局部画法

一、楼梯

楼梯是现代建筑的一个组成部分,其包括单跑楼梯、双跑楼梯、旋转楼梯等,在现代建筑写生中时常出现。关于楼梯的画法主要是掌握踏面与踢面的透视关系,如图 4-24 所示,第一步连接 AB,而后定天点,等分线段 AC;第二步连接天点与线段 AC 上的等分点,连线与线段 AB 相交 3 个点;第三步过三个交点画出踏面与踢面的分界线;第四步定灭点,画出踏步的踏面透视。常见的楼梯画法及楼梯种类如图 4-25、图 4-26 所示。

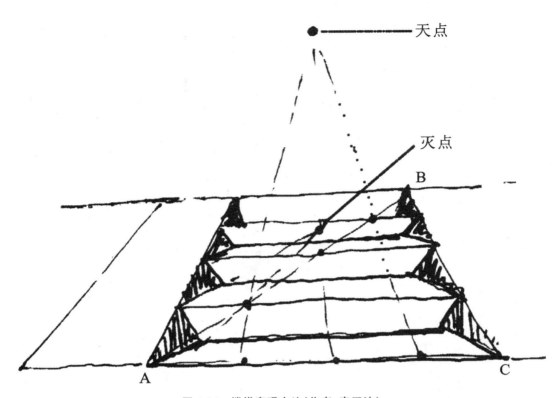

图 4-24　楼梯表现方法（作者：李玉洁）

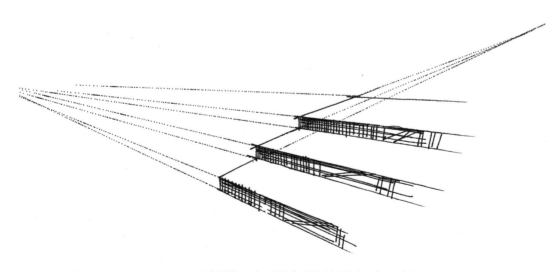

图 4-25　楼梯的两点透视表现方法（作者：李玉洁）

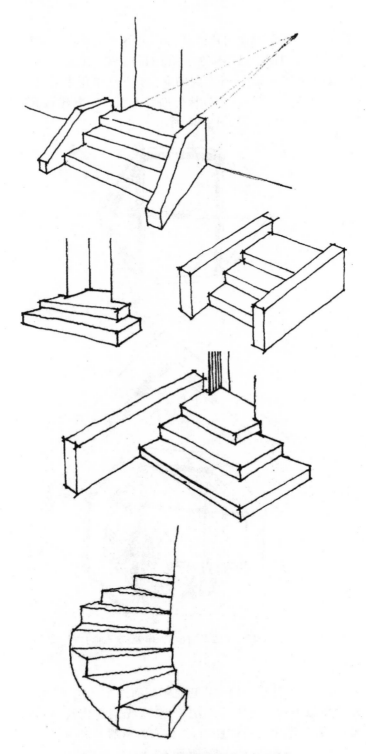

图 4-26　不同类型的楼梯(作者:李玉洁)

二、窗户

在现代建筑中,不同功能与用途的建筑其窗户也不相同。住宅建筑主要是采用左右推拉形式的窗户,两扇向外推的窗户已不多见。有的住宅建筑在顶楼的坡型屋顶开有平的或凸起的窗户,平的一般为不可开型的,而凸起的窗户有的还可用来通风。大型办公楼或公用高层建筑,窗户多采用外推式的开合方式,从外面看不仅不影响建筑的整体美观,而且增加了建筑外观形态的多变性,如图 4-27、图 4-28 所示。

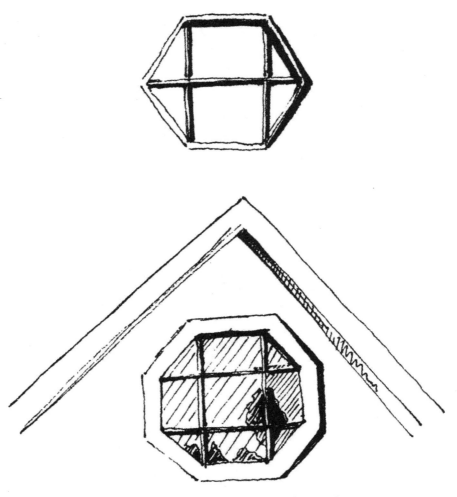

图 4-27　多边形的窗户(作者:李玉洁)

三、屋顶

随着房地产业的发展,各种形态的现代建筑不断涌现,人们也越来越注重建筑各个面的美观性。现代建筑的屋顶出现了千奇百态的造型,这无疑为建筑的形态增添了诸多亮点。有些屋顶是功能性的,有些屋顶是装饰性的,无论它具有哪一种属性,建筑的形态确实有了与以往不同的表现形式,如图 4-29、图 4-30 所示。

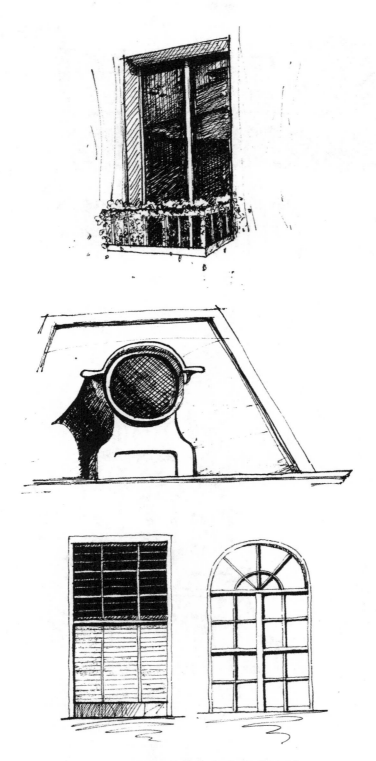

图 4-28 不同类型的窗户(作者:李玉洁)

图 4-29　装饰性建筑屋顶表现（作者：李玉洁）

图 4-30　功能性建筑屋顶表现（作者：聂剑帆）

4.3.3　画法要领

一、选择视点

　　视点是确定物体透视变化的基本依据，在现代建筑写生中合理地选择视点对图面的构成尤为重要。所选视点决定视平线高低，而视平线高低对建筑物的表现有直接影响。现代建筑速写要根据其自身的特点与构图,选择合理视点,同一建筑在不同的视角下,会产生不同的效果。

二、注重构图

有关现代建筑写生的构图,要注意以下三点。

(1)根据所要表现建筑的形体特征,选择是横构图还是竖构图。

(2)考虑所要表现建筑的场景特征,确定构图。

(3)依据设计意图,确定构图。

三、把握特征

在写生中把握现代建筑的特征,要注意以下几个方面。

(1)用最简洁的线条概括建筑的特征。

(2)分析建筑的形体比例。

(3)注重建筑的各局部位置、形态、比例。

4.3.4　画图步骤

一、单体建筑

单体建筑表现,主要是指单个建筑为主题的表现形式。在学习的初级阶段,我们还很难把握群体建筑的描绘,因此要先从单体建筑练起,逐步增强透视等在写生中的能力。刚开始应分析所要描绘的对象,将其归纳为简单的几何形体,而后确定透视进行描绘,并不断加深刻画。单体建筑主要从房体和桥体这两个不同类型的建筑进行讲解。

1. 房体表现

(1)确定透视,描绘建筑的基本形态。将要描绘的建筑形体概括成几何图形,画出几何形体透视,如图 4-31 所示。

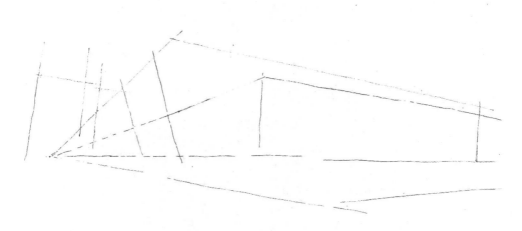

图 4-31　房体表现步骤一(作者:李玉洁)

(2)具体化建筑的基本形态。透视与形体大致确定后,可进一步描绘建筑形态,如图 4-32所示。

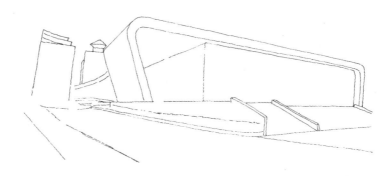

图 4-32 房体表现步骤二(作者:李玉洁)

(3)进一步描绘建筑的构成骨架及场景,如图 4-33 所示。

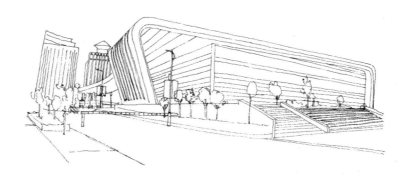

图 4-33 房体表现步骤三(作者:李玉洁)

(4)描绘建筑形体的细节部分,如图 4-34 所示。

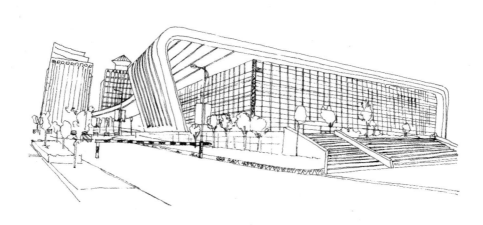

图 4-34 房体表现步骤四(作者:李玉洁)

（5）给建筑线稿上明暗、阴影，加强立体表现，如图 4-35 所示。

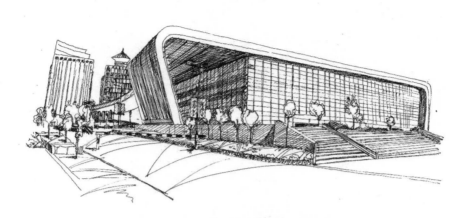

图 4-35　房体表现步骤五（作者：李玉洁）

（6）调整画面，加强场景渲染，继续刻画建筑的细节，如图 4-36 所示。

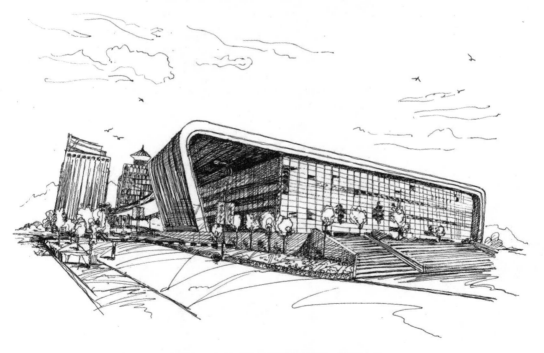

图 4-36　房体表现步骤六（作者：李玉洁）

2. 桥体表现

桥体的表现步骤与房体的表现是如出一辙的，在这里不再赘述，如图 4-37 至图 4-42 所示。

图 4-37　桥体表现步骤一（作者：李玉洁）

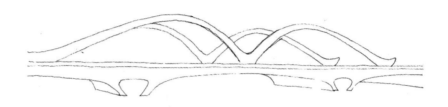

图 4-38　桥体表现步骤二（作者：李玉洁）

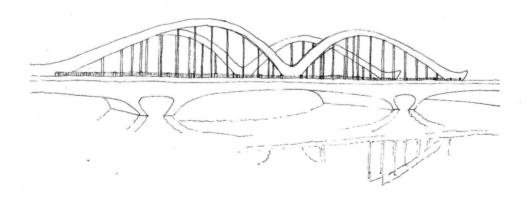

图 4-39　桥体表现步骤三（作者：李玉洁）

图 4-40　桥体表现步骤四(作者:李玉洁)

图 4-41　桥体表现步骤五(作者:李玉洁)

图 4-42　桥体表现步骤六（作者：李玉洁）

二、群体建筑

　　画群体建筑主要是指对不只一个建筑主体的描绘，例如街景的表现，其画法步骤与单体建筑方法一致，如图 4-43 至图 4-48 所示。

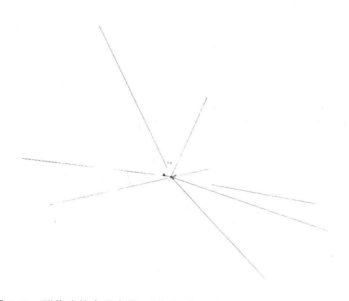

图 4-43　群体建筑表现步骤一（作者：李玉洁）

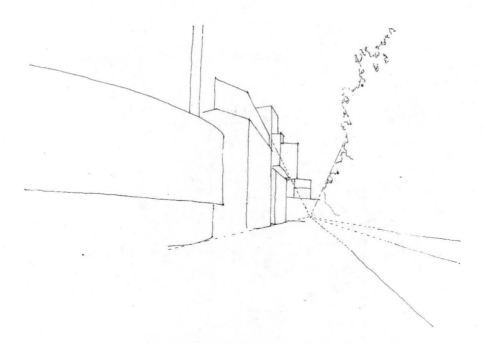

图 4-44　群体建筑表现步骤二（作者：李玉洁）

图 4-45　群体建筑表现步骤三（作者：李玉洁）

图 4-46 群体建筑表现步骤四(作者:李玉洁)

图 4-47 群体建筑表现步骤五(作者:李玉洁)

图 4-48　群体建筑表现步骤六(作者:李玉洁)

4.4　现代建筑速写的常见问题矫正

4.4.1　构图

　　如图 4-49 所示,整个建筑写生图片构图过满,看起来没有流通的空间,而图 4-50 则为矫正后的画面,看起来较为舒适,因此在画面中适当留白,可以给人想象的空间。

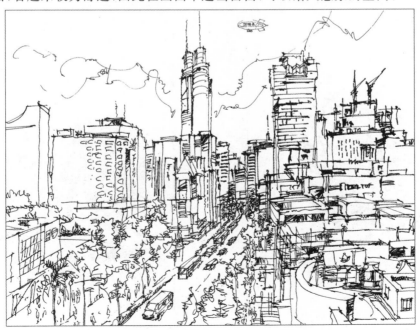

图 4-49　建筑构图过满(作者:聂剑帆)

图 4-50　建筑构图过满矫正（作者：聂剑帆）

　　原因分析：这是初学者经常会遇到的问题，主要还是初学者在写生中不能从整体入手，而是从单一的局部画起，这样没有经过整体设计的构图，就容易越画越多，越画越满。

　　解决方法：在现代建筑写生中，首先应该确定所要描绘的建筑主体，之后再从整体开始构图，将主体及场景元素一起考虑分析，将其放在画面合适的位置上，这样的构图才会布局合理，有适当的留白及适当的空间存在。

　　如图 4-51 所示，建筑写生构图过小，画面整体不饱满，而图 4-52 则为矫正后的构图，合理利用图幅进行布局，画面充实。

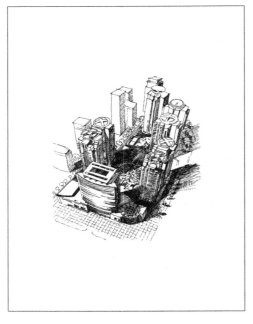

图 4-51　建筑构图过小（作者：李玉洁）　　　　　　**图 4-52　建筑构图过小矫正（作者：李玉洁）**

原因分析：一方面，初学者在写生的过程中没有掌握构图的方法；另一方面，初学者在写生的过程中放不开，过于拘谨。

解决方法：在建筑速写练习的过程中，建议初学者胆子要大一点，对整张图纸要有较好的掌控，对不同的构图形式都应该进行尝试，并且不断分析总结经验，从而进行合理的构图。

如图 4-53 所示，在整体构图中画面过于靠下，造成空间分布不均匀，使图幅上面产生大量的空白，整体画面下坠。图 4-54 为矫正后的建筑写生构图，分布均匀，整体构图较为合理。

图 4-53　建筑构图下沉(作者：聂剑帆)

图 4-54　建筑构图下沉矫正(作者：聂剑帆)

原因分析:不能很好地掌握描绘对象的比例,造成构图下沉。

解决方法:在建筑写生中,不要从一个局部画起,应先把建筑的整体定位点出来或者用线条轻描出来,这样就不至于对建筑比例的掌握失控。

如图 4-55 所示,整体画面构图偏左,造成重心不稳,而图 4-56 则为矫正后的构图,画面构图较为平衡、稳定。

图 4-55　建筑构图过偏(作者:江涛)

图 4-56　建筑构图过偏矫正(作者:江涛)

原因分析：没有很好地将表现意图、场景元素、构图三者之间的关系处理好。

解决方法：初学者在画建筑速写的时候，可以先画几幅构图小稿，以便于进行对比分析，这样能使自己更好地掌控整个构图。

4.4.2　形体轮廓线

由于初学者对于线条的掌握不是太熟练，直线与竖线都画不直，这就要求在掌握线条画法的基础上多加练习，这样才能准确体现现代建筑的形体轮廓，体现其比例透视，如图 4-57 所示。

图 4-57　建筑形体轮廓线表达不准确（作者：叶菲菲）

4.4.3　画面处理

　　如图 4-58 所示,此幅现代建筑速写,在画面的刻画程度上不够深入,整体看起来很空泛,给人一种没有画完的感觉,因此在建筑写生中,应注意细节刻画。

图 4-58　建筑刻画不够(作者:江涛)

　　如图 4-59 所示,画面在刻画上有缺失,但是层次感尚在,如果在刻画后的基础上,对场景加以渲染,整幅画就会充满活力,更为耐看。

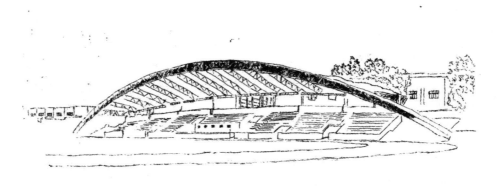

图 4-59　缺乏场景渲染(作者:王潇逸)

　　如图 4-60 所示,画面在明暗处理中欠妥,整体给人感觉发灰,不能很好地把握速写中对亮、灰、暗三者关系的处理。画面中用曲线来表现地面,但是线条的运用缺乏对比性,疏密处理不当,一般远处的地面线条排列密集,而近景地面则用稀疏的线条作概括化表现。

图 4-60　画面明暗处理过灰（作者：李玉洁）

第 5 章　优秀作品赏析

优秀作品赏析如图 5-1 至图 5-24 所示。

图 5-1　民居写生一(作者:焦晨霞)

图 5-2　民居写生二(作者:焦晨霞)

图 5-3　风景写生（作者：焦晨霞）

图 5-4　民居写生三（作者：焦晨霞）

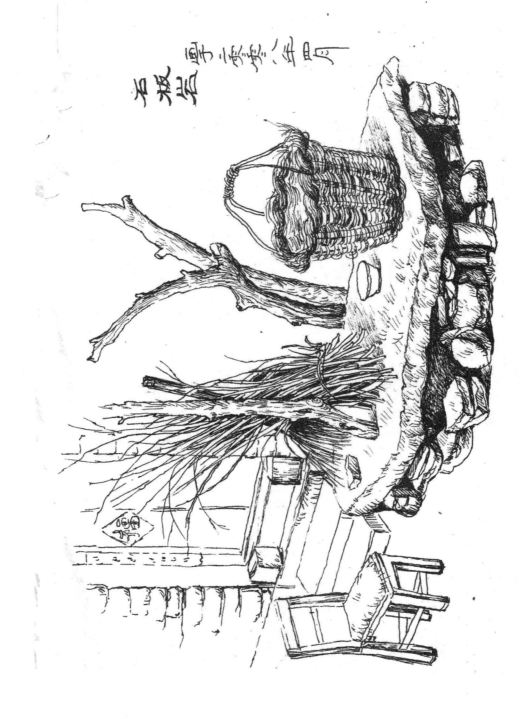

图 5-5　石板岩局部写生（作者：焦晨晨）

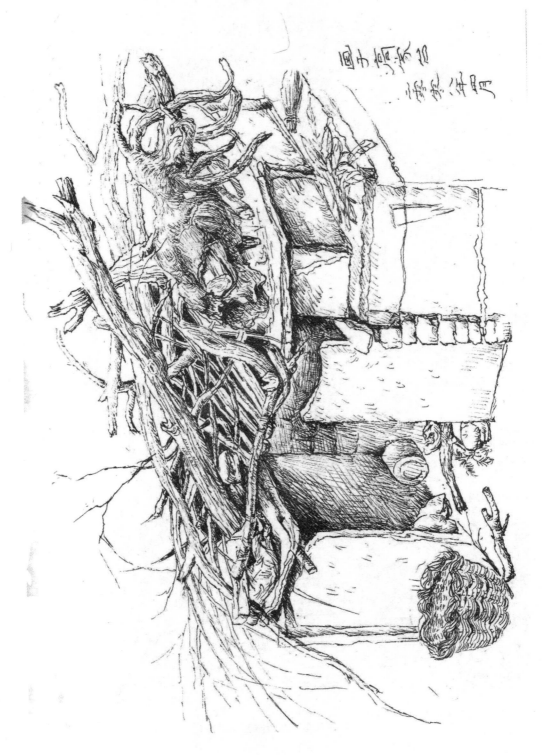

图 5-6　局部写生一　(作者:焦晨霞)

图 5-7 农家风景写生(作者:焦晨霞)

图 5-8　建筑风景写生一（作者：李琳婉）

图 5-9　平行透视写生（作者：李琳婉）

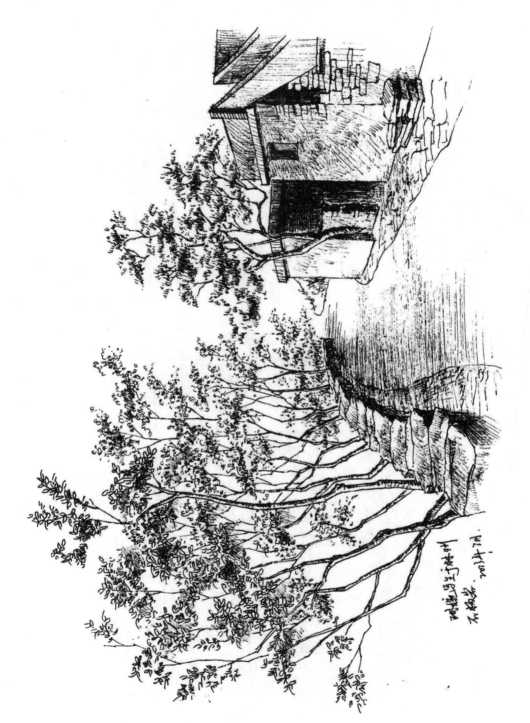

图 5-10　建筑风景写生二（作者：李琳婉）

图 5-11　平行透视建筑写生（作者：李玉洁）

图 5-12 成角透视建筑写生一（作者：李玉洁）

图 5-13　成角透视建筑写生二(作者:李玉洁)

图 5-14　三点透视建筑写生(作者:李玉洁)

图 5-15 建筑组群写生(作者：李玉洁)

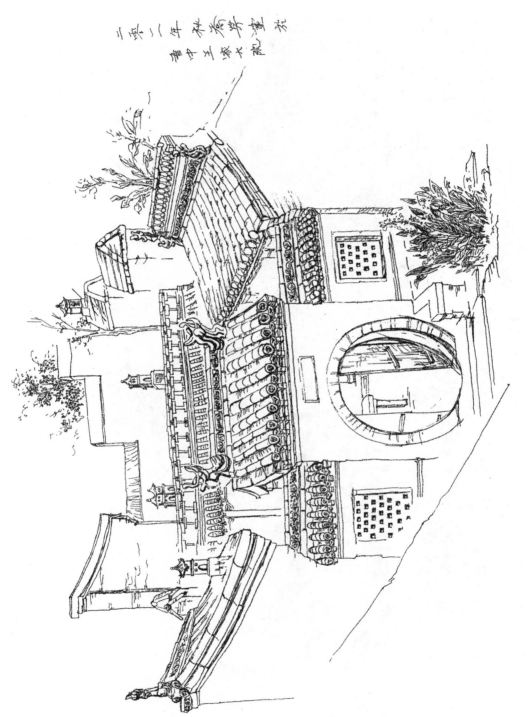

图 5-16 王家大院(作者:乔芳)

图 5-17　民居写生四(作者:乔芳)

图 5-18　民居写生五（作者：乔芳）

图 5-19 局部写生二（作者：乔芳）

图 5-20　景观节点写生（作者:乔芳）

图 5-21　实景写生一（作者：乔芳）

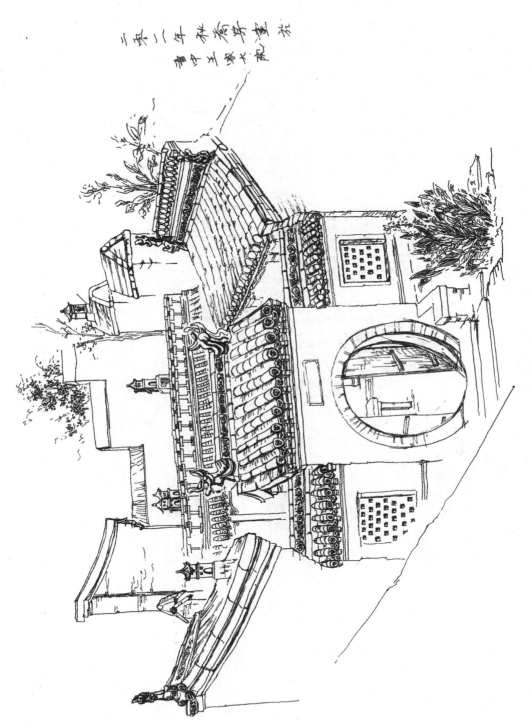

图 5-22　建筑群写生（作者：乔芳）

图5-23　近景写生（作者：乔芳）

图 5-24　实景写生二（作者：乔芳）

参 考 文 献

[1] 程远.建筑线描教程[M].沈阳:辽宁科学技术出版社,2010.

[2] 张昕,陈捷.画说王家大院[M].太原:山西经济出版社,2007.

[3] 崔冬云,赵晓旭.建筑速写[M].北京:机械工业出版社,2012.

[4] 彭军.手绘教学课堂——建筑速写[M].天津:天津大学出版社,2010.

[5] 张峰.建筑速写[M].北京:北京大学出版社,2012.

[6] 夏克梁.夏克梁建筑风景钢笔速写[M].上海:东华大学出版社,2011.